我的野生动物朋友

Tippi

我要特别把这本书献给我的“鸟友”普鲁玛尔，
你总是站在我的肩头，就像海盗肩头上的一只八哥，时刻做好了迎战的准备。

我要把这本书献给我所有的朋友，
动物朋友，人类朋友，曾经陪伴过我的朋友，还有现在已经消失的朋友。

我还要把这本书献给我的父亲达杜，我要把我眼中的世界呈现给他。

Tippi

WO DE YESHENG DONGWU PENGYOU
QUANXIN WANZHENG BAN

我的野生动物朋友

全新完整版

[法] 蒂　皮 · 德格雷　著
[法] 阿　兰 · 德格雷
[法] 茜尔维 · 罗伯特　图
袁筱一　译

接力出版社
Publishing House

桂图登字：20-2018-196

Originally published in France as:
TIPPI MON LIVRE D'AFRIQUE
By Tippi, Sylvie Robert and Alain Degré with the collaboration of Valérie Perronet

Current Chinese translation rights arranged through Divas International, Paris
巴黎迪法国际版权代理(www.divas-books.com)

图书在版编目（CIP）数据

我的野生动物朋友：全新完整版 /（法）蒂皮·德格雷著；（法）阿兰·德格雷，（法）茜尔维·罗伯特图；袁筱一译 .—南宁：接力出版社，2019.4（2024.1 重印）
ISBN 978-7-5448-4444-4

I. ①我… II. ①蒂…②阿…③茜…④袁… III. ①野生动物－少儿读物 IV. ①Q95-49

中国版本图书馆 CIP 数据核字（2019）第 041603 号

责任编辑：刘文佳　　美术编辑：卢　强
责任校对：贾玲云　王　静　　责任监印：郭紫楠　　版权联络：谢逢蓓　闫安琪
社长：黄　俭　　总编辑：白　冰
出版发行：接力出版社　　社址：广西南宁市园湖南路 9 号　　邮编：530022
电话：010-65546561（发行部）　　传真：010-65545210（发行部）
网址：http:// www.jielibj.com　　电子邮箱：jieli@jielibook.com
经销：新华书店　　印制：北京华联印刷有限公司
开本：889 毫米 ×1194 毫米　1/24　　印张：6.5　　字数：60 千字
版次：2019 年 4 月第 1 版　　印次：2024 年 1 月第 19 次印刷
印数：1 075 001—1 095 000 册　　定价：49.80 元

向往“返自然”的自由，与野生动物快乐相处

中国科学院动物研究所博士，国家动物博物馆科普策划总监　张劲硕

首先，我要热烈祝贺《我的野生动物朋友》再版！这是一本难得的好书，值得再版！

2002年夏天，我在西单图书大厦见到了一本这样的书，至今让我记忆犹新：它的封面上有一位可爱的小女孩，竟然骑着一只雌性鸵鸟；内文里有一个叫蒂皮的小孩子和非洲荒野上各种野生动物生活在一起的照片——骑在大象身上，被花豹拖拽着身体，与小狮子待在一起……这一幕幕让我惊呆了！我难以想象，居然有这么一个法国小女孩可以融入野生动物的世界，而且与野生动物们如此自由自在相处、关系融洽。

我对眼前的这本《我的野生动物朋友》爱不释手，立即掏钱购买。凡是看过这本书的大小朋友一定都会被蒂皮的故事深深吸引。我们是如此羡慕、惊讶于蒂皮有那样的经历；我们也如此渴望像蒂皮一样和野生动物朋友为伴，生活在它们中间。

蒂皮何许人也？她的全名是蒂皮·本雅米娜·奥康蒂·德格雷（Tippi Benjamine Okanti Degré）。父母之所以给她取名蒂皮，是对美国女演员和模特、动物权利倡导者蒂皮·海德莉（Tippi Hedren）的致敬与纪念。海德莉在20世纪五六

十年代就已名声大噪，今年已经八十九岁高龄的她还活跃在荧屏上，并为保护动物奔走呼告。

而我们的主人公蒂皮自己写这本书的时候才十岁，现在已经长大成年——逝者如斯夫，时间过得太快了！

蒂皮的父母在非洲南部的纳米比亚、博茨瓦纳等国工作，他们是野生动物摄影师，负责拍摄有关野生动物、自然的纪录片。现在蒂皮受父母的影响，继承了这项工作，也在从事纪录片的拍摄和制作工作。蒂皮出生于纳米比亚的首都温得和克，出生后没多久，她的父母就把她带到了野外，开始她人生中最为难忘的荒野时光。

我们常说“初生牛犊不怕虎”，幼小的蒂皮确实什么都不害怕，在她看来野外的一切动物都是朋友、邻居、小伙伴。在非洲南部，蒂皮结识了不少野生动物朋友，例如非洲草原象阿布、花豹、狮子、长颈鹿、鸵鸟、细尾獴、猎豹、狞猫等，还有一些冷血动物——蛇、蟒、非洲牛箱头蛙和变色龙等。

这本书之所以成功，经久不衰地畅销，恰恰在于蒂皮的故事不可复制。在我们的儿时，要想见到大中型野生动物是极难的，除非你生活在青藏高原等人迹罕至的地方。我们在城市里能够接触麻雀、喜鹊，见到黄鼠狼也许已经是万幸了。而今天的孩子，似乎更可怜，在他们的周围连蜜蜂、蚂蚁、蜻蜓、蝴蝶之类的昆虫都越来越少。如今的人类与大自然、与其他生命渐行渐远，“久在樊笼里，复得返自然”，该是时候了！

2002年10月，十二岁的蒂皮在父母的陪同下，受著名出版家刘硕良先生的邀请，来到了位于北京南郊的南海子麋鹿苑。我有机会参与了接待活动，那也是我唯

一一次见到蒂皮。著名科普专家郭耕主任把蒂皮带到麋鹿群的跟前，她不顾10月的北京略有寒意，立即脱掉了所有上衣，飞奔到麋鹿群中去。麋鹿们似乎也惊呆了，哪里来的野孩子在我们面前这么肆无忌惮?!

蒂皮的举动让我感到震惊，但也在意料之中。在《我的野生动物朋友》一书中，我们看到的蒂皮都是赤裸着上身，似乎文明社会的衣物都成了她的束缚。即使十二岁的她已经回到了法国那么发达的社会，但蒂皮更向往的仍然是“返自然”的自由，以及与野生动物们相处的快乐。

蒂皮，更像是一个具有象征意义的符号。她的天真、活泼象征着人类的童年；她与野生动物结为朋友，正是人类早年可以做到而今天却阙如的东西；她的放荡不羁、自由奔放象征着我们内心深处的精神诉求；她融入大自然的怀抱，更是我们今天“久在樊笼里”的人类希望重新回归自然、找寻自我的一种终极追求……

《我的野生动物朋友》图文并茂，情感、信念极为丰富，耐人寻味。今天的孩子不缺知识、信息层面的博学，他们最匮乏的是博爱的情怀，或许他们早已忽略了周围其实还有很多生命存在，无论是一草一木，还是一虫一鱼。今天的孩子们不应该只想着自己，而应该时时处处在心中感念生命，关爱其他弱势生命，关注和关心大自然、生态环境。

希望这本书能够触动每一位小朋友和家长，我们可以改变我们的生态环境，让她变得更加美好、和谐、文明，她关乎我们每一个人的生存，以及我们的后代！

是为序。

2019年3月于北京

蒂皮
致中国小朋友

有一天，妈妈告诉我，我两岁的时候，把她带到一头大象面前，那头大象正独自在我们博茨瓦纳的营地里嚼着棕榈核。

我们在大象途经之地支起了帐篷，和大象一起分享这片领地。

据说，当时我悄声对妈妈说："小心点儿，妈妈！别吓着他！轻一点儿！"

在这种陆地上个头儿最大的哺乳动物面前，我简直就是个小不点儿，可我一心就想着如何保护他。

所有的生命，无论是人类、动物还是植物，他们都紧密相连，彼此不能分割。他们可以彼此交谈、沟通，在大自然里找到他们喜欢的地方，和平共居。

孩子和动物都很清楚这一点，他们并不需要通过学习就知道，也很自然地就这么做了。大自然里所有的生命是完全一体的。

只有你们，孩子们，你们才真正操心动物们在这个世界应有的位置，还有他们

的命运。你们理解他们，欣赏他们，爱他们，知道他们应该被爱。还有谁比你们更懂得捍卫世界各地的他们，更适合将他们的心声传递给人类呢？

你们是大自然的守卫者，动物是你们的家人。我们的世界需要你们的快乐，还有温情。这个世界需要爱，普天下的爱。

Tippi

2019年3月于非洲

目　录

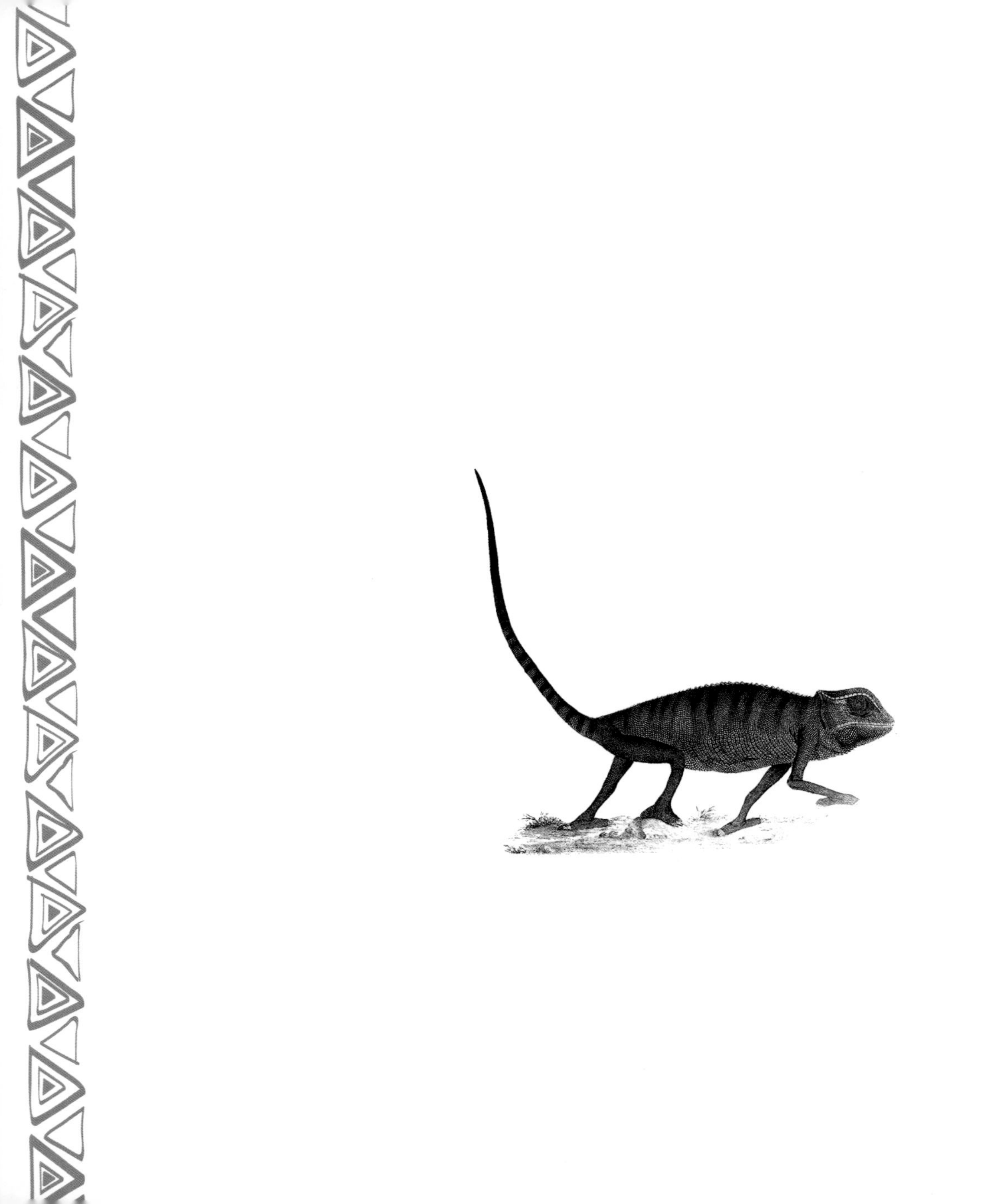

故事从这里开始，
或者说，是一出“搞笑剧”的开始，
因为和动物在一起的时候，
总是能让你一次笑个够。
我喜欢大自然中的动物，
我们彼此信任，彼此亲近。
我们明白，
只要彼此在一起，以心换心，便已足够。
动物会给我指出生活的方向，
告诉我，应该走哪一条道路。

Alain DEGRÉ et Sylvie ROBERT
sont heureux de vous faire part
de la naissance de leur fille

TIPPI

Le 4 juin 1990 Windhoek (Namibie).

P.O. Box 5774
Ausspannplatz 9000
WINDHOEK
NAMIBIE

我将这本书献
给我的变色龙好朋
友莱昂。
Tippi
SAFARIS

我好想告诉你非洲女孩蒂皮的故事

我叫蒂皮，是个非洲女孩，十年前，我出生在纳米比亚。总有人问我："蒂皮，是不是和印第安人圆顶帐篷一样的拼写，tipi？"这些人可得去查查字典：我的名字（tippi）当中有两个字母"p"。父母之所以给我起了这个名字，是因为有个美国女演员就叫蒂皮——蒂皮·海德莉。她出演过阿尔弗雷德·希区柯克一部非常恐怖的电影《群鸟》。

我觉得爸爸妈妈选的这个名字很好，理由可多了。首先，这可不是个一般的名字，非常巧，我也不是个一般的女孩。再说，这个名字会让人想起印第安人（尽管拼

写上和我的名字不一样），而印第安人，他们还住在圆顶帐篷里的时候，就完全生活在原始的大自然里，和我一样。最后，蒂皮主演的电影叫《群鸟》，而我非常非常喜欢动物。我说“非常非常喜欢”，可一点儿也不夸张——动物就是我的兄弟姐妹。这很正常，我生下来就和他们在一起，和他们一起长大。非洲的野生动物是我最早的伙伴，也正因为这样，我是如此了解他们……

我的名字不仅仅是蒂皮这么简单，我的全名是蒂皮·本雅米娜·奥康蒂·德格雷。德格雷是我父母的姓氏。我的父亲阿兰和母亲茜尔维，他们都是专门拍摄野生动物的摄影师。多亏了他们的职业，我才出生在非洲。本雅米娜，这个名字是为了感谢本雅明，爸爸妈妈的一位朋友。我出生的时候，妈妈在他家住了几个星期。当时，我的爸爸妈妈在荒凉的丛林里生活，但是，露天生孩子似乎有些危险，于是在我快要出生的时候，本雅明就让我妈妈住在他温得和克的家里。温得和克是纳米比亚的首都，那儿有医院。

我也叫奥康蒂，在奥万博人的话里，“奥康蒂”的意思是“细尾獴”。当然，尽管“奥康蒂”是个很美丽的词语，但用细尾獴来称呼一个女孩有些搞笑！然而，我的故事就是从这里开始的……

在我出生之前，我的父母已经在非洲南部博茨瓦纳和纳米比亚边界的卡拉哈里沙漠生活了七年。这些年里，他们一直在观察细尾獴，

拍了很多细尾獴的视频和照片，这些憨态可掬的小细尾獴，在别的地方都看不到。

对于妈妈和达杜（我是这么叫爸爸的）来说，细尾獴就是我们的家人。他们当然是野生动物，不过，我们也快变成细尾獴家族了。我相信，对于爸爸妈妈来说，这段日子是真正幸福的。和细尾獴一起待在卡拉哈里沙漠的日子如此美好，而且，妈妈原本是想在那里把我生下来的，那我就会成为一个细尾獴小姑娘，简直就像是爸爸妈妈的小妹妹了。不过，这个心愿最后没有实现。

有一天，爸爸妈妈和当地人吵了起来，因为大家的想法不一样。当然，是别人说了算，于是达杜和妈妈被赶出了卡拉哈里沙漠。有时，人类是很愚蠢的……

过了几个月，我出生了。除了在妈妈和达杜拍的视频和照片上，那时的我还没有见过细尾獴。但我依然是细尾獴家族的一员，因为我叫蒂皮·本雅米娜·奥康蒂·德格雷，我会跟动物说话。

陆龟啊，他们总是一副不太高兴的样子。

我会说动物语

对于我会说动物语这一点，所有人都很好奇。可动物不会！提起这个话题，人们就不停地问啊，问啊，提一大堆问题，让我再说点什么。真烦人啊！我真不知道该怎么回答……我不想和他们解释，我是怎么和动物说话的，因为说了也没用，这是我的秘密。想要搞明白怎么回事，必须得有天赋。人都有天赋——写作、画画、唱歌、说各种语言……天赋啊，神秘着呢！

而我的天赋，就是和动物亲近。但也不是和所有动物都合得来，只有和非洲的野生动物才亲。我用大脑和他们说话，或者通过我的眼睛，我的心，我的灵魂，我知道他们听得懂，他们在回应我。他们会有动作，他们会看着我，就好像眼睛里写满了字母，我一下就明白了他们的意思。而在这点上——我知道可能听上去有点奇怪——我可以确定，我的确能和他们进行交流。我正是通过这样的方式认识他们的，有时，甚至能和他们成为好朋友。

瞧，我的生活就是这样。人人都有自己的天赋，只是我的天赋稍微有点特殊。我知道这是了不起的超能力，我打心眼儿里希望，只有我才拥有这种超能力。因为是超能力嘛，可不是人人有份儿的。

我的洋娃娃诺诺非常温柔，摸上去很舒服，闻起来也是香香的。她是我的朋友，形影不离的朋友。每次搬家的时候，我都不得不离开，留下我的朋友，包括动物朋友。他们已成为我的好朋友，但我还是离开了他们。不过和我的诺诺可不是这样，每天晚上，她都陪伴着我。

有时诺诺也会遇到突发事故。有一天，一头猞猁咬断了她的脖子。幸好我没看到这一幕……后来，不知道是谁把诺诺的头重新缝了上去。在诺诺的一生中，她浑身都是洞洞。不过最后我们总是有办法把她医好。现在，她的肚子是白的，可胸部和腿是豹纹的，看上去也没有什么好奇怪的。

我从来没有丢失过我的诺诺。有时会把她给忘了，那也没有什么大不了的，掉头

把她找回来就行了，尽管有时爸爸妈妈会发发牢骚——就为了我的诺诺，他们得重新开车走上二百公里颠簸不平的小路。

丢了我的诺诺——比如说，把她落在另一个国家——我会非常非常害怕。虽然我也有其他洋娃娃，但诺诺和她们完全不是一回事。

我不知道从多大开始，就不应该和诺诺生活在一起了。也许我永远都离不开我的诺诺？我想，对我来说，至少应该是在遇到我的心上人以后吧。我甚至觉得，完全可以和心上人、诺诺一起玩耍，一起睡觉。我的心上人才不会生气呢，因为和诺诺一直待在一起，一直那么喜欢诺诺，说明我是一个多么可爱的小人儿。

我还有一只长毛绒玩具小鸡。他叫小天使，是因为他身体里有我的小鸡“天使”的灵魂，我的小鸡死在了马达加斯加。而我的诺诺没有灵魂，因为她身上没有任何死去动物的灵魂。

我还必须老实交代，我从来没有养过兔子，所以，我的其他朋友身上可没有兔子的灵魂。

我起码有五次睡觉不需要诺诺了。

我的大象哥哥阿布

阿布是我的大象哥哥，不过，他的年纪比我大很多，他已经三十多岁了。这里有一个非常好玩的故事。阿布是一头在美洲长大的象！我知道，这听上去让人觉得有些奇怪，但真的是这样。可我是在非洲遇见阿布的，在博茨瓦纳，在爸爸妈妈一个很迷很迷大象的朋友兰达尔·莫尔家里。兰达尔收留了几乎来自世界各地的大象。他在奥卡万戈河三角洲为他们建了一座大象村。

兰达尔给大象喂食，照顾他们，养育他们，待他们就像家人一样。作为回报，大象也会帮助兰达尔一家，他们把客人驮在背上散步，或是为客人拍电影。阿布就是其中的一头大象。兰达尔曾经和阿布一起在美国的马戏团演出。他们成了朋友，以至于兰达尔去非洲的时候，也把阿布带上了船！

阿布很酷，他是我的朋友，我的兄弟。我爱他，就是这样。和他在一起，我会感到无比幸福。我不知道还有没有比坐在他的脑袋后面，双腿卡在他的双耳间更舒服的事了。这是大象唯一柔软的地方——他们身体的其他地方都长着粗壮的毛须，扎人极了。

而我，当我爬到阿布身上时，一坐就是好几个小时，实在太舒服了。

阿布重达五吨，但是他从来没有踩着过我。大象就是这样，他们总是十分关照小孩子。

有一个非常简单、非常好笑的分辨大象来自哪里的办法：如果是来自非洲，他的耳朵形状就像非洲地图；如果来自亚洲，他的耳朵形状就像印度地图。

Steady, Abu！（阿布，别动！）

Get up, Abu！（阿布，起来！）

Move on, Abu！（阿布，往前走！）

That’s a good boy！（这才是好孩子！）

跟阿布说话是要讲英语的。

我了解大自然，我认得路，我知道自己要去哪里，我从不迷路。

妈妈很喜欢的一张照片，是一张黑白照片，因为那天，达杜所有装彩色胶卷的相机都出了问题。爸爸妈妈留在营地，而我和兰达尔、阿布一起出门，给迪士尼乐园拍片子。那天热极了，而且拍片子之前总是什么也干不了，白白地等上好几个小时。我还太小，不记得那天的事情了，但是我能想象出我和阿布都做了些什么：阿布和我，我俩应该是等得不耐烦了，于是我们就走了。妈妈说，她突然看见我们俩，就我们俩，不知道从什么地方冒了出来。我拽掉了尿布，踢掉了鞋子——好像那时我总是喜欢这样——踮着脚走，免得被大块大块干硬的地皮弄伤。而阿布就跟在我身后，像一个照看婴儿的保姆！妈妈说阿布仿佛也是在踮着脚走路，小心翼翼，生怕踩着我。

皮肤的颜色根本不算什么

种族主义，我可不喜欢。我不知道那些种族主义者的脑袋里装的都是什么念头。人们常常因为一点点信仰的问题就吵架，每个人都希望大家的信仰和自己的一样。这种想法真是傻透了。我们应该想信什么就信什么嘛！而且种族主义者还不喜欢不同的肤色、语言，就连头发和习惯不一样也不喜欢……

我身上流淌着非洲人的血液，只不过皮肤是白色的。皮肤的颜色根本不算什么。可要想向种族主义者解释清楚这些，我也不知道该怎么说。我可没法解决这个世界上的所有问题。我来到地球上不是为了这个。要是我能够拯救一些野生动物，那就已经很好了。

有时候，我对很多事情感到莫名其妙。

辛巴族的财富就是山羊、奶牛和公牛。他们没有钱。

有一天，他们为我组织了节日庆典。他们喜欢孩子，对我非常友善。他们在我身上涂满了一种神奇的粉末，好让我成为一个真正的辛巴族小女孩。

粉末有一股怪味，是山羊的味道。他们从一个神秘的岩洞里找来神奇的石头，又用石头制成了这种粉末。

生活中能有一些惊喜就不错了，哪怕是微不足道的小小惊喜。
要想得到惊喜，别忘了时不时看看那些美丽的事物。

我听过一个非洲的故事，说的是鸵鸟的脖子为什么那么长。有一天，鸵鸟被一条鳄鱼咬住了脑袋，鳄鱼想要把她拖到水里。可是鸵鸟的力气很大，她拼命地往回拉，想要摆脱鳄鱼，鸵鸟的脖子越拉越长，越拉越长。最后，鳄鱼也累了，就把鸵鸟给放了。

坐在鸵鸟背上舒服极了

坐在鸵鸟背上可真是快活。鸵鸟的背软软的，暖暖的，舒服极了！

我是在一个养鸵鸟的人家里遇到琳达的。他养了一大群鸵鸟，当地人买卖鸵鸟肉，还有鸵鸟的羽毛。在非洲南部，人们用一种好闻的辣椒香料腌制鸵鸟肉。晒干的鸵鸟肉很硬，要嚼很长时间，但真的是美味。这种干肉叫“比尔通”，好吃极了。

鸵鸟并不危险，但也要当心。他们的爪子顶端长着非常锋利的趾甲，鸵鸟可以把它当作刀子来用。如果遭到肉食动物的攻击，他们能用趾甲反击，踹开敌人的肚子，敌人便会死去。

琳达很善良。她很怕我从她身上掉下去，所以总是一动不动。不过，我倒希望她跑起来，跑得越快越好。因为鸵鸟一旦跑起来，就是世界上奔跑速度最快的鸟了。

花豹很危险，却最听我的话

我在大卫和佩塔家遇到了杰比，大卫和佩塔是居住在温得和克附近的两个农场主。他们在山间养了一大群奶牛。让这个地区的农夫头疼的是，他们的奶牛常常会被花豹猎杀。他们只好四处给花豹布下陷阱。杰比就是这么来到大卫和佩塔家的：杰比的妈妈掉入了陷阱。她伤得非常严重，但去世前，她生下了两个小宝宝，一个公的，一个母的。大卫把小母豹送给了邻居，留下了公的，给他取名叫杰比。

尽管大卫和佩塔给杰比喂奶，抚养他，可他从来没有接受过任何训练。这可是头花豹。花豹呀，可危险了。我知道，但是我从来没有意识到他的危险性。我和他玩，他也感觉到我并不怕他，所以从不攻击我。他可爱得要命。每当我发现他要做傻事的时候，我就大声吼他。他就会停下来，懊恼地望着我。

有一次，我正和他玩得起劲，他咬住了我的肩膀。不过他没有咬下去，否则我今

辨别猎豹和花豹很容易。猎豹的眼睛下方有着又粗又黑的毛，像两条泪痕，这让他们看起来很是悲伤。猎豹远没有花豹危险，人类甚至可以驯服他们。

天就没有肩膀了，但是他的牙齿还是伤到了我的皮肤。这一次，我是真的意识到，他如果想要吃掉我，简直……简直不费吹灰之力。

接着，有一天就发生了那件恐怖的事情。那天，我和妈妈、达杜，还有变色龙莱昂一起出去散步。杰比大概听到了我们要走的声音，也想和我们玩。于是他没有经过任何人的同意，就爬上房顶，越过花园的大门跳了过来。在路上，他遇到了两个非洲小孩。小孩一看见花豹，就害怕极了，一边跑一边大声叫喊。他们大概不知道，看到野生动物，最忌讳的就是像他们这样。杰比立刻把他们当成了猎物，还抓住了小的那个……

爸爸、妈妈和我，我们什么也做不了，因为花豹的速度是非常快的。妈妈说：

“我去找大卫。”

她赶紧向家里跑去。达杜用非常严肃的口吻对我说：

“蒂皮，你留在这儿，千万别动！”

他撇下了我和莱昂，去救被杰比抓住的小男孩。看着父亲跑向杰比，我再也无法听从父亲的命令，忍不住跟了过去。

杰比距离他的猎物大概有几米的距离，嘴角都是血，做好了再次攻击的准备。

我听见达杜在温柔地和杰比说些什么，达杜把满身是血的孩子抱在怀里。我看得出，杰比不愿意让这个小男孩就这么逃掉，他甚至想要扑向达杜，夺回他的猎物。也许他还想攻击达杜呢。

这一点让我感到非常生气，我简直就要气到爆炸了。必须有人出面制止杰比。我走到他面前，说：

“Jembi,stop it!”①

杰比只听得懂英语，因为在纳米比亚，大家都说英语。为了保证他听到我说的话，我还敲了敲他的鼻子。我敲得很重，是要让他明白，他现在正在干一件非常蠢的事情，让他明白，他必须服从我的命令，否则我就要发火了。

于是他坐了下来，一动不动的，就像每次他受到指责时那样，看上去很懊恼。

接着，大卫赶到了。小男孩被送去医院。幸好，他没有死。但是我一生都不会忘记，他看着杰比时那双充满了恐惧的大眼睛。他当时肯定觉得自己这下死定了。真的，我也以为杰比当时是要杀了他。

杰比后来受到了非常严厉的惩罚。他被关起来，四周和上面都是栅栏，根本出不去。我去看他，隔着栅栏抚摸他，和他说话。看到我，他高兴极了，有一次竟然在我身上撒尿，表示他喜欢我！事后我都不愿意洗澡，我想保留这份友谊的味道，但是妈妈说一码归一码。我只好冲了澡，妈妈还用力地搓我的身体。

这个故事告诉我们，养花豹责任重大。这可是一种十分危险的动物，可以杀死人。不过，我的杰比也是很可爱的，我爱他，他也爱我。

① stop it，住手的意思。——译者注

鳄鱼成天只想着一件事——吃

鳄鱼成天只想着一件事——吃。这就是为什么，要想拍鳄鱼和小朋友在一起的照片，就必须用橡皮筋绑住他的嘴巴。否则，他张口就咬。

鳄鱼摸上去蛮倒胃口的：冷冰冰的，皮肤粗糙。更重要的是，他们非常讨厌别人的触碰，非常讨厌。

可是拍这张水里的照片时，我们甚至没用橡皮筋。达杜和我，我们冒险和一条鳄鱼玩！不过呀，实话告诉你，这条鳄鱼是塑料做的，我们玩得很开心。

如果有一天，你碰到一个大人或者一个孩子正在和一条鳄鱼玩耍，那可真是奇迹！说真的，鳄鱼很危险。我的父亲就被鳄鱼咬过屁股，痛得他哇哇大叫。

我的达杜觉得自己老了，但这不是真的。一直以来，他都很年轻，而他脸上的那些线条只会让他看上去更加帅气。

城里没有猴面包树，我只好爬到路灯上去。

野生动物就像我的家人一样

我很难描述非洲。非洲和这里[1]的差别真是太大了，有一千万一万万那么大。

人们经常会说，我是毛格利[2]的小妹妹。我听了以后很高兴，因为毛格利是个野孩子，我也是个野孩子。我不知道怎么解释这一点。我遇到的所有小女孩都是家养的，只有我不。我之所以是野生的，是因为我在非洲生活过，远离城市，和野生动物是一家人。

我渴望回到非洲，那里真是奇妙极了！我不知道人们为什么总是要离开野外。一离开野外，进入城市，烦恼就跟着来了。

父亲和我说，我们在博茨瓦纳开着越野车旅行时，老是有舌蝇从窗户飞进来。舌蝇是那种很大的苍蝇，叮人很疼。舌蝇总是扑到他身上，叮他，却从来不叮我。达杜一直在想这是为什么。我觉得这里隐藏着某种奥秘……也许舌蝇觉得我就是大自然的一部分，那难道我的达杜不是吗？也许这和气味有关，我身上有大自然的味道？生活中不是所有事情都能说清楚的。

---

① 这里指巴黎。——译者注

② 毛格利是英国作家吉卜林所著的《丛林之书》中的主人公，是个狼孩。——译者注

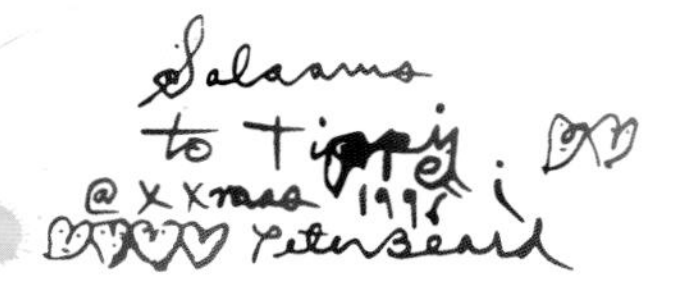

皮特·贝阿尔是一位专拍野外景物的大摄影师。他出了一本关于大象的摄影书，叫《一个世界的终结》，他还亲笔签名，附上他的手掌印，把这本珍贵的书送给了我，我爱死这本书了！

我们可以和一棵树，和任何东西成为好朋友。只要你有想象力，这世上没有什么不可以想象的。爱上一棵树是想象，想象你有一位大树朋友。一般来说，我们喜欢的是人，是动物，很少会是植物。有的人喜欢一朵玫瑰，因为玫瑰漂亮。有的人喜欢一棵树，因为那棵树很可爱。但对我来说，动物才是实实在在的可爱。一棵树，它既不会动，也不会说话，更不会望着你……如果它什么都不做，又怎么会招我喜欢呢？

魔法石吸引长颈鹿朝我走来

世界上的一切都是自然发生的。

斑马很漂亮，但是不太好玩。他就像一匹马，只不过身上都是条纹，而且还不能骑，我们也不能驯服他们。

在非洲，有一天别人给了我一块魔法石。我在想，用手里这块神奇的石头和上天说话，我会不会也就有了魔法？于是我试了试。我走向一头长颈鹿，想要看看会不会有魔法。通常，我们接近野生动物的时候，他们便会逃跑。但是，那头长颈鹿却静静地朝我走来。而达杜一来，她却跑了。真可惜，是不是魔法石给了我神奇的魔法，永远也不会知道了。

在我还是个小小孩的时候，我以为豪猪就是那种背上长刺的猪！

豪猪可酷了，但是只有疯子才会想去摸他。如果你掉在豪猪身上，那可真是倒了大霉，他的刺扎人得要命，还会穿透你的皮肤！

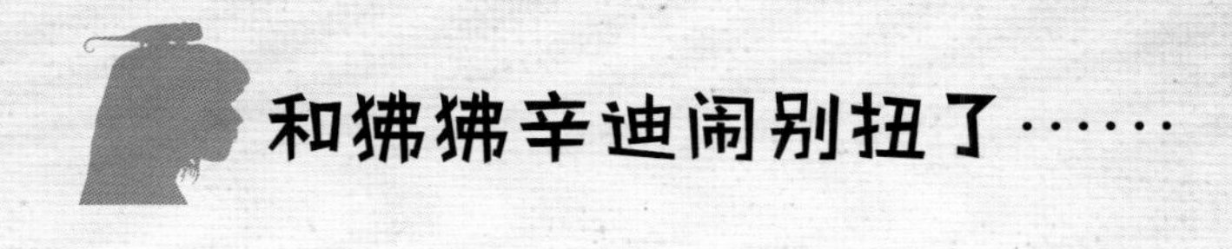

和狒狒辛迪闹别扭了……

爸爸妈妈说，我们和狒狒从来就不可能很亲密。在我小的时候，我们生活在博茨瓦纳的丛林里，树上有许多爬来跳去的狒狒。他们最爱恶作剧抢我的奶瓶，喝上几口，然后在高高的树上做鬼脸，我越恼火他们就越得意。

我四岁的时候认识了狒狒辛迪，是个和我一般高的小婴儿，只不过她是狒狒，我是人类。在那个时候，我分不清小狒狒和小孩，反正都是我的朋友，就那么简单。我们一起爬树，还交换奶瓶喝奶！听上去有点恶心，不过我那时还小，也不觉得有什么，谁让辛迪是我的好朋友呢！

我后来跟着爸爸妈妈去旅行，离开了很长时间。有一天，我回来又见到了辛迪。再次见到她，别提我有多开心了！她长大了好多，比我还高了。爸爸妈妈问收养她的那些人，如果我们在一起玩，会不会有什么危险。他们说没有任何问题，我太高兴了。

在我的家乡纳米比亚，听说布须曼人是唯一能听懂狒狒语，甚至能和他们交流的人，因为布须曼人觉得在很久很久以前，猴子就是人。

没有任何问题？我怎么能相信？辛迪一看到我就扑了上来，扯我的头发。尽管她还是只小狒狒，力气却不小。她弄得我很疼，也让我很难过。我也不知道她脑子出了什么问题，我特地来看她，可她却毫不犹豫地袭击我。大人说她看到我的漂亮头发，嫉妒极了。坦白说，我可没觉得有什么好嫉妒的……

我的头发被扯掉了很多，我大哭了一场。从那天起，我开始讨厌辛迪，尽管我也知道，这不是她的错。

和动物交朋友与跟人交朋友可不一样。动物都是有敌人的，这是大自然的规则。他们必须表现出更加强壮的样子，要不然就会被敌人统治。也许辛迪是想要统治我？可是我们在一起度过了那么多美好的时光，她应该记住了我的气味，应该会想起，我们曾经是世界上最好的朋友啊！不得不承认，动物的记忆和人类的记忆还真不一样……

我很想为保护大自然做点什么，但是我不知道可以做些什么。

为什么我不是生下来就会英语呢？我爱极了英语。

动物的世界复杂得多

变色龙会不会谈恋爱?

不要以为动物的世界是个完美的世界，他们的世界实际上要比我们想象中复杂得多。动物世界也充满着暴力。比如说，细尾獴一不小心就会失去孩子，因为狡猾的胡狼会偷偷地吃掉他们。失去孩子之后，细尾獴伤心极了，因为他们也是有感情，有很多爱的动物。

至于爬行类动物有没有感情，我就说不上来了。但变色龙，我倒是知道得很多，很多。我相信他们也是有爱的，不过我不能确定。我也不能确定，当公变色龙与漂亮的母变色龙交配的时候，算不算是爱呢?

我不知道变色龙会不会谈恋爱。我想会的，只是我不能确定，因为我还小，还没有经历过太多事情，尽管我现在已经十岁了，已经是个大孩子了。

至于灵魂，也是同样的，我不知道昆虫有没有灵魂。我们没有办法和他们对话，但是其他动物呢？我想他们是有的，我们可以和他们对话。

好可爱、好温柔的小狮子穆法萨

我的小狮子真是好可爱。他也有自己的名字，叫穆法萨。他很温柔很温柔，又很搞笑！我们俩在一起经常玩得很开心。有一次，我们还一起睡了午觉，他一边睡一边用嘴吮吸着我的手指，睡得可香了。

等到我们第二年再见的时候，他长大了，就像中了魔法一样，长得巨大无比。他认出了我，走近我，和我一块儿玩耍。他用尾巴尖扫了扫我，但是他的力气太大了，哪怕只是用尾巴轻轻扫了扫，就害得我摔在了地上。

爸爸妈妈不是很有信心，所以他们不希望我和穆法萨待在一起。很遗憾，但也只好如此。不确定的时候，最好还是不要坚持。跟人打交道也是一样。

我的梦里，已经没有噩梦的位置了。

好奇怪，噩梦居然消失了。

大象的眼泪是咸的，就和我们的一样。

大象什么都忘不掉

大象老的时候，会独自走开，找个地方静悄悄地死去。听说他们是去大象公墓，但是谁也不知道到底有没有大象公墓。如果真的有，哪里都有可能是他们的公墓。

有时，他们坚持不住，死在了半路。坚持到最后，可不是件容易的事情。

如果我的动物朋友死了，我相信他们还会留在我心里。如果是机器人的话，那么，死去的时候，就会消失在黑暗中，什么都不会留下。

我的达杜告诉我，
大象的大脑有六公斤重，
是人类的四倍。
正因为这样，他们什么都记得住，
什么都忘不掉。
他们的鼻子里有六万块肌肉，
因此力大无比。

在大自然中生活的人，他们的神就是动物

我讲秘密的时候，好像总是表达不清，尤其是那种藏在心底的秘密。

在大自然中生活的人，至少会相信一个神，但是我不知道是不是上帝。我想，他们的神就是动物。也许对于他们来说，所有的动物都可以是神。我不知道……我能够确定的，是不喜欢那种盲目迷信的人，因为他们会很封闭，会让人觉得他们不是很自由，连主意也要别人替他们拿。而我，要是谁替我拿主意，我准会受不了。

我也会祈祷，但是我很清楚，在我的脑袋里，是我自己在主导这声音。如果我不想，就不会有什么声音。我很希望听见一个不是来自我的声音，但是一直都没有……

正因为这样，在心底里，我更愿意相信：守护好自己，就是守护心中的信仰。

动物都是来自好人堆里的

有些人总是没有理由地做坏事，仅仅是因为他们觉得做坏事很有趣。这些人都是坏蛋堆里出来的。我不知道这种情况在动物当中有没有。如果一只动物来自坏蛋堆里，那么他是永远永远不会和人亲近的，你不会有任何机会成为他的朋友。奇怪的是，我从来没有碰到过这样的动物。也许，鳄鱼就是这样的?

未来是现在，而现在是过去。

再比如说蛇，所有人都认为蛇很坏，可我从来没有被蛇咬过。不过，我曾经被细尾獴咬过，所以有些照片上的我，鼻子上还有被咬过的痕迹。不过这不是细尾獴的错！我走近他，想抱抱他，他很紧张，以为我要伤害他，才咬了我的鼻子自卫。我不应该因此恨他。

在我看来，动物都是来自好人堆里的，而不是坏蛋堆里。

用眼睛和小细尾獴对话

有一天，我在一个农场主家遇到了三只细尾獴，是他收养了他们。我很小的时候，妈妈就给我讲细尾獴的故事，以至于在真正见到细尾獴之前，我就觉得自己已经很了解他们了。细尾獴真的非常非常惹人喜欢。

有时我会想，妈妈可能也有些小小的魔力，要不然她怎么能和细尾獴交流呢！但是我不太愿意这样想，因为我会嫉妒的。她大概也只是和他们说说话吧，应该听不懂他们说些什么吧？不管怎样，妈妈只知道用嘴巴和他们说话，而我会用眼睛跟他们交流。

我很高兴，我的名字叫奥康蒂，这就让我成为细尾獴家族的一员。细尾獴是了不起的族类，他们一生都在彼此照顾。他们是没有办法独自解决什么事情的，但只要团结在一起，他们比很多动物都要强大。

细尾獴还是抚摸的高手。细尾獴的抚摸非常特别，妈妈教过我：彼此相拥，紧紧地抱在一起，但是又懂得时不时地稍稍松开一下对方。真是好玩极了！

绝不要害怕，但永远要小心

“你不害怕吗？怎样做才能不害怕呢？”

这是大家都会问到我的一个大问题，大人尤其喜欢提这样的问题。我当然不害怕，要是我害怕，我就不会靠近他们了。和野生动物在一起，我从来不会害怕，虽然有的时候我会被镇住。不过害怕和被镇住完全是两回事。

必须承认，我之所以那么了解动物，是因为我生下来就和他们在一起。再说，妈妈和达杜教过我，做哪些事情才有可能是危险的。比如，如果你碰了一下黄色的眼镜蛇，你就会死。但是相反，如果是条蟒蛇，你还可以摸摸他，或者挠挠他的肚子。你知道这些就好办了……

我记不清有多少次了，妈妈和达杜反反复复地对我说：

“绝不要害怕，但永远要小心。”

或者是：

“看到蛇应该怎么办？”

答案我都能背出来了：

“别靠近，快跑，找到妈妈或者达杜，问一问有没有危险。”

如果是危险的动物，那就必须小心，尽量绕开他们。如果不是危险的动物，还可以交个朋友。其实，所有的动物都一样。只要我们明白这个道理，就不会感到害怕了。

通常，是动物害怕人类，所以他们才会嗥叫，做出很凶的样子，就是为了吓你一下，这样你才不会打扰他们。如果太害怕了，他们还会冲你撒尿，但他们不是故意的。

我遇到的很多动物经常会看到人类，他们已经习惯了，但这可不代表他们是被驯服了，只是说人类经常出现在他们居住的地方，比如说保护区（保护区是很大的区域，真的很大很大，动物在那里可以自由自在地生活）。有时候，动物干脆和人类住在一起。

我才不会在野象的蹄子下玩耍，或是去摸一头不认识的花豹的脑袋！我不是个疯子，我可不想被一群大象踩扁，或是被野兽吞到肚子里去。

我们必须知道，尽管有些动物可以成为人类的朋友，但他们首先还是野兽。所以，永远要小心是很重要的。不要让他们把你当成猎物，或是认为你威胁到了他们。比如说，不要在他们面前转过身。还有，如果你跌倒在地，不要趴着不动，要赶紧爬起来。只需要专心地看着他们，就像他们专心地看着你一样，就会平安无事了。

好吧，我说我不害怕，其实是骗人的。不得不承认，我对陆地上的动物还能对付，但大海里的可就不行了。食人鱼、白鲸什么的，你可不能指望我。

动物从来不凶恶，只是有时候比较好斗

动物从来不凶恶，只是有时候比较好斗。我可不想向全世界解释，不要说“凶恶的动物”，而是该说“好斗的动物”。因为我不停地解释也没什么用，这要能理解才行。我又能怎么办呢？我可不想把一辈子都花在啰唆同一件事情上……

动物想要保护自己、保护孩子或者自己的地盘的时候，才会变得好斗。当然，还有他们受伤的时候，或是脾气不好的时候，又或者他们生下来就是好斗的。不管怎样，动物好斗总有自己的道理。这和人类可不太一样，人都不知道自己为什么会变凶。比如说我吧，我发火的时候，简直像个巫婆。我的嘴巴里会冒出很多可怕的话，而且根本停不下来。

一天，我非常想认识一下埃尔维，但是大人都不让。对了，忘了告诉你们，埃尔维是只高大强壮的公狒狒，他的牙齿非常危险，样子可怕极了。所有人都觉得他具有攻击性，说不定会做出什么危险的事。但是我也不知道为什么，我的心告诉我，可以接近他。爸爸妈妈最后还是接受了我的想法。

大家都建议我，千万不要和他对视。他会认为这是一种挑战，甚至是挑衅，这会让他感到非常恼火。于是我只是看着他的手，然后，我的手慢慢地靠上去，轻轻地靠着。和动物交朋友就是这样的，得相互碰一下，才能相识。得让他慢慢地熟悉你的气味。

埃尔维用鼻子闻了闻我，他应该感觉到，我不是他的敌人。我像朋友一样抚摸了他，他很安静。狒狒的手很有趣，毛茸茸的，暖暖的，就像人的手一样。

等我离开埃尔维的时候，妈妈和达杜都松了一口气。我很高兴能够遇到埃尔维。虽然我们没有足够的时间成为朋友，但这次交往让我放下了对狒狒的敌意。

非洲才是我真正的家乡

生活中，有高兴，也有难过，有好运，也会倒霉。但是很多时候，每天就只是正常的生活而已。我们在纳米比亚的时候，过的就是正常的生活。会有小小的烦恼，但每天

都是幸福快乐的，从来没有巨大的不开心和倒霉事。在那儿生活真是棒极了！

回到法国后，我试着和麻雀，和小狗、鸽子、猫，还有奶牛和马说话，但都行不通。我也不知道为什么。我想，那也许是因为非洲才是我真正的家乡，而法国不是吧。

我最喜欢的一张照片

我最喜欢的一张照片，是很小的时候拍的：照片上能看见我的一只手，在一只羚羊的嘴边。羚羊非常胆小，但是这一只竟然一点儿也不怕我。我不记得当时发生的事情了，但我可以肯定，我一定是在和他说话。否则，他绝不会让我接近他——我可是一个会捕杀羚羊的人类啊。

达杜拍下了这张照片，拍完照片后羚羊就跑了，也许他有别的事要忙，或者只是想独自安静一会儿。在让他害怕的人类面前，想要安静下来可不是一件容易的事情。

每次我想起这件事情，或者看到这张照片的时候，我就会想，这真的很奇妙，我居然有和动物交流的本事。

我想，动物的爱是没有争吵的，或者说，即便是吵嘴打架，也不是像人类那样的争斗。我不明白为什么人类和动物相差这么大，但是，我又想，可能是因为动物有一点儿什么就满足了，而人类却总是想着要得到更多别的东西。

最接近动物的人——布须曼人

妈妈说，人类中，布须曼人是最接近动物的人。几千年，甚至是几万年以来，他们一直在野外生活，而且很有经验。他们没有接触过文明世界，所以他们的生活习惯一点儿也没有改变。对于他们来说，时间还有金钱都没什么用。

我是在纳米比亚东部的卡拉哈里沙漠遇见他们的。我的运气真不错，能够结识布须曼人。要知道，他们不太会接近白人。

关于他们，我想说的第一点是，他们长得很好看，只是有些显老，不过那是因为他

们常常在太阳底下暴晒，所以比较容易长皱纹，就连年轻的布须曼人也有皱纹。

他们也很友善，整天乐呵呵的。男人一个个就像是在演戏，他们模仿动物，闹哄哄的，逗得小孩和女人大笑。我们一认识就成了朋友，整天在一起玩得很开心。我们不需要通过话语彼此理解就成了朋友，这种感觉奇妙极了。

布须曼人的语言也很好听，像是在歌唱。除了词语以外，他们还经常用舌头发出“咔嗒”的声音。我太害羞了，不敢跟着他们一起“咔嗒”。只有一次例外，有一回，和一个布须曼女人在一起的时候，我很偶然地发出了一些声响，也是用我的舌头“咔嗒”了一声。她听着我说话，而且还回应了我！我很不好意思，我都不知道自己和她说了些什么。真希望自己没说傻话……

布须曼人从不浪费。有食物的时候，他们会吃光最后一口，直吃得一个个肚子鼓了起来！他们非常尊重大自然的恩赐，什么都不浪费。不到万不得已，他们绝对不会猎杀动物。

他们没有火柴，常常非常用力地摩擦木棍，钻木取火。我试过这种办法，但实在太复杂了，根本点不着火。看来这需要练习很长时间才能学会。

有时我真觉得要是不会说话就好了。

布须曼人还具有魔力。比如，巫师能够准确地识别出没有坏鬼的地方，而且他们还能和月亮交谈。每次月圆的时候，布须曼人就会举行盛大的节日活动，因为在他们看来，月亮就是女神。不得不说，看到又大又圆的月亮在沙漠中冉冉升起，真的觉得非常神奇，非常壮观。欢庆节日的时候，男人舞蹈，女人歌唱，小孩拍手，热闹极了。

他们跳舞的样子很好玩，开始时跳得很规矩，到后来就乱跳起来了，就像疯子一样。

一般来说，这样的节日是非常神秘的，外人不能拍视频或者照片。但如果是朋友，就会被邀请留下来，这是他们送给朋友的一份大礼。

而我，在我的内心深处，我觉得自己就是一个布须曼人，和他们完全一样。不同的是我穿着现代的衣服，皮肤的颜色和他们不一样。不过，这可不能怪我，我可没有办法变黑。

拍照片不会让动物害怕，但是子弹会

我真不明白，人类为什么要猎杀野生动物。这真是愚蠢极了，如果把野生动物都杀了，世界上就没有这些野生动物了，那还怎么给他们拍照片呢？拍照片不会让他们害怕，但是子弹会。

达杜，你又去旅行了……
带上我吧……噢……
你会给我带什么回来？
我找到了！快来呀！

有时，我们不得不猎杀动物，或是为了自保，或是为了吃动物肉。妈妈说，我还是个婴儿的时候，她总是在婴儿车下面放一把手枪，以防遭到狮子的攻击。因为在人类的生命与动物的生命之间，总是人类的生命更重要一些。但是我猜，妈妈从来没有开过枪。

布须曼人猎杀动物也是为了食物，他们会感谢动物，是动物献出了自己的生命，养育了族人。这很正常，因为布须曼人非常尊重大自然，每个人死后也都成了大自然的一部分。

布须曼人不像那些猎手，或是偷猎的人，那些人才不在意动物的生命呢。这真可怕，但是我又能做些什么呢？我在巴黎的公寓里生活，又去不了别的地方。再说，我只是个孩子。我唯一能做的事情，就是告诉别人，猎杀动物真是一件让人伤心的事情。

害怕可是件丢脸的事

我很喜欢蛇，他们摸上去很柔软。很多人都害怕爬行动物。害怕可是件丢脸的事——除了看恐怖电影时的害怕，或是被恶作剧吓到的害怕，其他的害怕，比如怕蛇，就真的会让人笑话了。我喜欢蛇，喜欢得不得了。不过，说真的，害怕，这东西是要战胜的，不然你会疯掉的。

我如果感到害怕，或是看到什么惊人的事情，我会试着努力战胜它。比如说，游泳池下面往往会有“扑通”，是那种清洗游泳池底部的小机器人，它们在水下前进，发出声音。我之所以叫它“扑通”，是因为我很怕这种东西，只要它发出声响，我的心就扑通扑通跳个不停。和达杜一起的时候，我有好几次潜入水底，凑近“扑通”，熟悉它。现在我感觉好多了，因为我已经战胜了害怕。

蛇也是一样。我很喜欢帮助别人战胜害怕。每次别人看到我在和巨蟒玩耍，他们就会觉得，如果我能够做到，他们为什么就不行呢？于是他们也上前抚摸蟒蛇，然后发现，这其实并没有那么可怕嘛，摸上去还很舒服呢！

我不再对妈妈撒谎了。以前，我也说过一点点的谎话，但是现在就不再撒谎了。

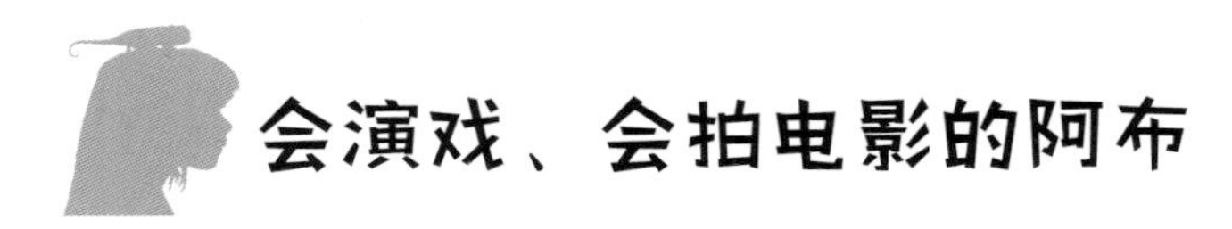

会演戏、会拍电影的阿布

这些照片就像是在演戏、拍电影一样。这也很正常，因为阿布就是个演员，而我以后说不定也会成为演员，所以我们俩在假装演戏。他演一头发怒的野象，而我则是丛林里的小女孩，张开双臂试图让他停下。我们演得好极了，那些不了解的人还以为是真的。

事实上，阿布从来没有产生过伤害我的念头。只有疯子才会认为一个小女孩能拦下发怒的野象，而且小女孩的爸爸还能在一边安静地拍照片，任由可爱的小女儿暴露在危险之中。人有的时候很奇怪，他们也不动动脑筋，想到什么就是什么。

我只吃不认识的鸡

我和好朋友变色龙莱昂的这张照片，我实在是太喜欢，太喜欢，太喜欢了。变色龙，小变变莱昂，世界上第一可爱的小动物。他的小爪子抓起人来一点儿也不疼，而他挠我的头发时，就像挠痒痒一样！只是很少很少的时候，他才会轻轻咬我一口……

我经常花上好几个小时为我的莱昂抓蝈蝈。再也没有比看到莱昂贪婪地看着蝈蝈，伸出黏糊糊的舌头更让我开心的事了。这实在是太有趣了，仿佛他就要嗷呜一口吞下这只巨大的绿色蝈蝈。我就这么看着，脑袋里一直叫着："上啊，上啊！"

碰上莱昂，蝈蝈可就倒霉了。但是我才不在乎蝈蝈呢，最多也是他们让我的莱昂美餐一顿，我要对他们道声谢而已。动物之间你吃我，我吃你，这很正常，他们生来如此，这就是生活。比如说，我还在马达加斯加生活过。在那里，我养过小鸡，很漂亮很漂亮的小鸡，最后都长成了膘肥体壮的大鸡。我很喜欢鸡，但这并不影响我吃鸡。不过我不吃我家养的鸡，我只吃从市场买来的鸡肉，是那些我不认识的鸡。

后来我回到巴黎，有一天，我们去了肉店。那里有很多已经杀好的鸡，但是我不知道为什么，那些鸡的脑袋都还在。这个画面对我的刺激很大，我觉得自己快要晕倒了，只好飞快地跑了出去。

我觉得如果我们要吃动物肉的话，最好不要看到他们活着时的样子。

很多人都以为变色龙变色只是为了躲藏，但这不是真的。他也会因心情的变化而变色——当他高兴，或是生气、害怕的时候，当光线太亮、太暗，或是感觉冷的时候……

我要和我的爱人一起去流浪

如果我身上哪儿出了问题，就会很不舒服，肚子里会有奇怪的动静。这个时候，那个叫“咕噜”的家伙就会出来捣乱，发出咕噜咕噜的响声。有时“咕噜”会往上跑，有时会往下沉。如果往下沉就会好受一些，但如果往上跑，它就会转啊转啊，冲到肺里，发出咝咝的声音，在小的时候，我会觉得有种深入骨髓般的疼。

离开一个地方，是一件伤心的事。我宁愿永远都不要定居下来。我们可以开着越野车不停地出发，夜里扎帐篷睡觉，白天和动物玩耍，就像我们在纳米比亚那样。但是我想，那应该是不可能的。

等我长大，我要和我的爱人一起去流浪。

撒旦叶尾壁虎会用他那双搞笑的眼睛望着你，然后跳到你身上。

他的爪子会牢牢地扒住你，就像拔火罐时用的火罐。不管什么地方，他都牢牢扒住不放！

变色龙伸舌头的速度比火箭还快。

人长大以后，
问题就像跟屁虫一
样跟来了。

在生活中，我最喜欢冒险

每个人在生活中都会遇到一些问题。而当我在非洲过着野外生活的时候，就什么事也没有。可等我回到巴黎，又去了马达加斯加，问题就像跟屁虫一样跟来了。大家都说马达加斯加美极了，但当我们到了那里，才发现上当了。那里有很多丑陋的东西，孩子们都很不幸。到处都是病人，成千上万的人死去。

一个地方的风景当然会很美，不过只要有丑陋的东西，那就变成了灾难。我情愿不再去回想这一切，如果要回忆，就只是想起我在那里的变色龙朋友：露丝夫人、泰尔玛夫人、路易丝夫人、格林先生，还有最擅长做鬼脸的格罗斯·马克斯，他的脾气糟透了。

在生活中，我最喜欢冒险。大人都以为在非洲，和野生动物生活在一起，这就是冒险，他们大错特错。

冒险嘛，就是到厨房偷点糖果和点心，和最好的朋友在小房间里偷偷地分享。为了保守这个秘密，还要一起克服恐惧。不过，大人觉得这些冒险都是干蠢事……那是因为他们完全不了解，或者忘记了冒险的滋味。

如果生活中只有这些美好的事，那就像做梦一样美了……如果再来点古怪冒险，生活就一点儿也不会无聊了。我们甚至可以说，经历冒险，才是幸福的秘密。当然，你可得挑那些不会出问题的险去冒。

小嘟嘟，是我在马达加斯加的狐猴朋友。他爱上了我的芭比娃娃，真的！他踮着脚站起来，拥抱芭比娃娃，亲亲她的嘴巴。他大概把芭比娃娃当成情人了。

我把小嘟嘟留在了马达加斯加，我不想再谈论他，我试着忘记他，因为一想到小嘟嘟，我的心里就充满了悲伤。

和动物朋友们一起做作业

我做作业总是想力求完美。以前，这会花去我很多很多时间，非常累人。但是现在，我会写字了，学习得很快。每次快速做完作业以后，我对自己都很满意。

我喜欢学习，但这也取决于老师。在我们旅行的时候，我的老师就常常变来变去，跟着妈妈学或是跟着某位小学老师学。但有时，我不是很喜欢跟妈妈学。在马达加斯加，我的老师叫贝尔莱特。她也是我最好的大朋友。她早晨七点半来家里，一星期来四次，再加上星期三的下午。我们把树荫下的阳台变成了学校。这样很好，因为我的动物朋友就能来看我啦：珍珠鸡把自己当成了直升机，在教室里“飞”来“飞”去；小鸡、鹦鹉都爬上了我的脑袋，还有大公鸡……我们在学习，但一点儿都没有感觉到，因为我们把学习变成了游戏。

在学校，我总是话太多，因为我有很多故事要讲。我就是一只小喜鹊，脑袋里装着好多好多的话。

我做好了迎接未来的准备。

在野外看见了一颗流星

一天夜里，我遇到了一件非常奇特的事情，简直让人难以置信。那是我从来都没有遇到过的事情：我看见了一颗流星！当时，我正在和我的内心对话，我问浩瀚的宇宙，是不是只有我能和野生动物生活在一起，我是不是这个世界上唯一具有这种天赋的小女孩？我说，如果还有别的小姑娘也能和野生动物生活在一起，我不会嫉妒的。然后，他就给我发送了一颗流星。

我很喜欢笑，笑得很多很多。我也喜欢我们开着越野车在丛林中穿行，我坐在越野车顶上，风吹着我的头发的感觉，虽然脖子会有点冷。我还喜欢遇到我最好的朋友，把她紧紧抱在怀里，或是与我的心上人相遇，使劲地亲亲他。

也许有一天，我们会知道想知道的一切。

去喜欢这个美丽善良的世界（译后记）

法国文学翻译家，华东师范大学外语学院院长　袁筱一

对于《我的野生动物朋友》这一类作品，我的译后记有点多余，尤其是对像我这样一个并不熟悉动物，甚至有些怕和“他们”相处的译者来说。但我还是有点话要说的，为了这一次特别的翻译经验，也为了和蒂皮为中文版写的序言呼应一下。

《我的野生动物朋友》讲述了一个十岁的小女孩蒂皮，她跟随摄影师父母在非洲生活时的故事。那是一段幸福的时光，用她自己的话来说，那是“什么事也没有”的“乡野生活”。她认识了林林总总的动物，也和其中的许多动物成了朋友，比如细尾獴——老实说，对于这种动物的了解，我仅仅停留在百科全书的图片和文字说明上，还有大象、狒狒、鸵鸟、变色龙等。当然，有一些动物是永远没有办法成为人类的朋友的，比如鳄鱼，还有眼镜蛇。蒂皮也说：“不要以为动物的世界是个完美的世界，他们的世界实际上比我们想象中要复杂得多。动物世界也充满着暴力。”

因为那些动物都是蒂皮的朋友，所以，在译文中的人称代词，我选择了“他”“她”或者“他们”“她们”，因为，蒂皮说：“所有的生命，无论是人类、动物还是植物，他们都紧密相连，彼此不能分割。”

虽然我有些害怕动物，也很难想象自己能与书中任何一个动物共居，但是我无条件地相信，人与人以外的动物都是平等的。从这个意义上来说，达尔文的进化论只是对于这个生命世界的一种阐释，即便进化成立，进化也不是代表绝对意义上的“进步”。生物物种固然有简单与复杂之分，却与高低无关。

文明亦是如此。

如果果真如蒂皮所言，动物都来自善的世界，那么，人类经过那么多年的进化，再也不能回到那个善的世界，是多么遗憾的事啊！所以，要感谢蒂皮和她的父母，因为她用她的“我的野生动物朋友”和美丽的非洲的影像，给我们呈现了一个人类已然忘却的善的世界。

愿所有的读者——不仅仅是孩子——喜欢上这个善的世界。

2019年2月于上海